閱古通今典藏叢書・古籍影印

茶經

王承略　梁宗華　李梅訓　主編

高等教育出版社・北京
中国教育出版传媒集团

茶經卷上

竟陵陸羽撰

一之源　二之具　三之造

一之源

茶者南方之嘉木也一尺二尺迺至數十尺其巴山峽川有兩人合抱者伐而掇之其樹如瓜蘆葉如梔子花如白薔薇實如栟櫚葉如丁香根如胡桃（瓜蘆木出廣州似茶至苦澁栟櫚藏葵之屬其子似茶胡桃與茶根皆下孕兆至瓦礫苗木上抽）其字或從草或從木或草木并（從草當作茶其字出開元文字音義從木當作𣘻其字出本草草木并作茶其字出爾雅）其名一曰茶二曰檟三曰蔎四曰茗五曰荈（周公云檟苦茶楊執戟云蜀西南人謂茶曰蔎郭弘農云早取爲茶晚取爲茗或一曰荈耳）其地上者生爛石中者生櫟壤下者生黃土凡藝

而不實植而罕茂法如種瓜三歲可採野者上園者次陽崖陰林紫者上綠者次笋者上牙者次葉卷上葉舒次陰山坡谷者不堪採掇性凝滯結瘕疾茶之為用味至寒為飲最宜精行儉德之人若熱渴凝悶腦疼目澀四支煩百節不舒聊四五啜與醍醐甘露抗衡也採不時造不精雜以卉莽飲之成疾茶為累也亦猶人參上者生上黨中者生百濟新羅下者生高麗有生澤州易州幽州檀州者為藥無效況非此者設服薺苨使六疾不瘳知人參為累則茶累盡矣

二之具

籯加追反一曰籃一曰籠一曰筥以竹織之受五升或一斗二斗三斗者茶人負以採茶也籯漢書音盈所謂黃金滿籯不

如一經顔師古云籯竹器也受四升耳

竈無用突者釜用脣口者

甑或木或瓦匪腰而泥籃以箄之篾以系之始其蒸也入乎箄既其熟也出乎箄釜涸注於甑中（甑不帶而泥之）又以穀木枝三亞者制之散所蒸牙笋并葉畏流其膏

杵臼一曰碓惟恒用者佳

規一曰模一曰棬以鐵制之或圓或方或花

承一曰臺一曰砧以石爲之不然以槐桑木半埋地中遣無所搖動

檐一曰衣以油絹或雨衫單服敗者爲之以檐置承上又以規置檐上以造茶也茶成舉而易之

芘莉音杷離一曰籯子一曰篣筤以二小竹長三赤軀二赤五寸柄五寸以篾織方眼如圃人土羅闊二赤以列茶也

棨一曰錐刀柄以堅木爲之用穿茶也

撲一曰鞭以竹爲之穿茶以解茶也

焙鑿地深二尺闊二尺五寸長一丈上作短墻高二尺泥之

貫削竹爲之長二尺五寸以貫茶焙之

棚一曰棧以木構於焙上編木兩層高一尺以焙茶也茶之半乾昇下棚全乾昇上棚

穿音釧江東淮南剖竹爲之巴川峽山紉穀皮爲之江東以一斤爲上穿半斤爲中穿四兩五兩爲小穿峽

中以一百二十斤爲上八十斤爲中穿五十斤爲小穿字舊作釵釧之釧字或作貫串今則不然如磨扇彈鑽縫五字文以平聲書之義以去聲呼之其字以穿名之

育以木制之以竹編之以紙糊之中有隔上有覆下有床傍有門掩一扇中置一器貯煻煨火令煴煴然江南梅雨時焚之以火育者以其藏養爲名

三之造

凡採茶在二月三月四月之間茶之笋者生爛石沃土長四五寸若薇蕨始抽凌露採焉茶之牙者發於藂薄之上有三枝四枝五枝者選其中枝穎拔者採焉其日有雨不採晴有雲不採晴採之蒸之擣之拍

之焙之穿之封之茶之乾矣茶有千萬狀鹵莽而言如胡人鞾者蹙縮然（京錐文也）犎牛臆者廉襜然浮雲出山者輪囷然輕飈拂水者涵澹然有如陶家之子羅膏土以水澄泚之（謂澄泥也）又如新治地者遇暴雨流潦之所經此皆茶之精腴有如竹籜者枝幹堅實艱於蒸搗故其形籭簁然（上離下師）有如霜荷者莖葉凋沮易其狀貌故厥狀委萃然此皆茶之瘠老者也自採至于封七經目自胡靴至于霜荷八等或以光黑平正言嘉者斯鑒之下也以皺黃坳垤言佳者鑒之次也若皆言嘉及皆言不嘉者鑒之上也何者出膏者光含膏者皺宿製者則黑日成者則黃蒸壓則平正縱之則坳垤此茶與草木葉一也茶之否臧存於口訣

茶經卷上

茶經卷中

竟陵陸　羽撰

四之器

風爐灰承

風爐以銅鐵鑄之如古鼎形厚三分緣闊九分令六分虛中致其杇墁凡三足古文書二十一

字一足云坎上巽下离于中一足云體均五行
去百疾一足云聖唐滅胡明年鑄其三足之間
設三窻底一窻以爲通飈漏燼之所上並古文
書六字一窻之上書伊公二字一窻之上書羮
陸二字一窻之上書氏茶二字所謂伊公羮陸
氏茶也置墆㙞於其内設三格其一格有翟焉
翟者火禽也畫一卦曰离其一格有彪焉彪者
風獸也畫一卦曰巽其一格有魚焉魚者水蟲
也畫一卦曰坎巽主風离主火坎主水風能興
火火能熟水故備其三卦焉其飾以連葩垂蔓
曲水方文之類其爐或鍛鐵爲之或運泥爲之
其灰承作三足鐵柈擡之

筥

筥以竹織之高一尺二寸徑闊七寸或用藤作木楦如筥形織之六出回眼其底蓋若利篋口鏁之

炭檛

炭檛以鐵六稜制之長一尺銳一豐中執細頭系一小鐶以飾檛也若今之河隴軍人木吾也或作鎚或作斧隨其便也

火筴

火筴一名筯若常用者圓直一尺三寸頂平截無葱臺勾鏁之屬以鐵或熟銅製之

鍑 音輔或作釜或作鬴

鍑以生鐵爲之今人有業冶者所謂急鐵其鐵以耕刀之趄鍊而鑄之内摸土而外摸沙土滑於内易其摩滌沙澁於外吸其炎焰方其耳以正令也廣其緣以務遠也長其臍以守中也臍長則沸中沸中則末易揚末易揚則其味淳也洪州以瓷爲之萊州以石爲之瓷與石皆雅器也性非堅實難可持久用銀爲之至潔但涉於侈麗雅則雅矣潔亦潔矣若用之恒而卒歸於銀也

交床

交床以十字交之剜中令虛以支鍑也

夾

夾以小青竹爲之長一尺二寸令一寸有節節

已上剖之以炙茶也彼竹之篠津潤于火假其

香潔以益茶味恐非林谷閒莫之致或用精鐵

熟銅之類取其久也

紙囊

紙囊以剡藤紙白厚者夾縫之以貯所炙茶使

不泄其香也

碾 拂末

碾以橘木爲之次以梨桑桐柘爲臼內圓而外

方內圓備於運行也外方制其傾危也內容墮

而外無餘木墮形如車輪不輻而軸焉長九寸

闊一寸七分墮徑三寸八分中厚一寸邊厚半

寸軸中方而執圓其拂末以鳥羽製之

羅合

羅末以合蓋貯之以則置合中用巨竹剖而屈之以紗綃衣之其合以竹節爲之或屈杉以漆之高三寸蓋一寸底二寸口徑四寸

則

則以海貝蠣蛤之屬或以銅鐵竹匕策之類則者量也准也度也凡煑水一升用末方寸匕若好薄者減之嗜濃者增之故云則也

水方

水方以椆木槐楸梓等合之其裏并外縫漆之受一斗

漉水囊

漉水囊若常用者其格以生銅鑄之以備水濕無有苔穢腥澁意以熟銅苔穢鐵腥澁也林栖谷隱者或用之竹木木與竹非持久涉遠之具故用之生銅其囊織青竹以捲之裁碧縑以縫之細翠鈿以綴之又作緑油囊以貯之圓徑五寸柄一寸五分

瓢

瓢一曰犧杓剖瓠爲之或刊木爲之晉舍人杜毓荈賦云酌之以匏匏瓢也口闊脛薄柄短永嘉中餘姚人虞洪入瀑布山採茗遇一道士云吾丹丘子祈子他日甌犧之餘乞相遺也犧木

杓也今常用以梨木爲之

竹筴

竹筴或以桃柳蒲葵木爲之或以柿心木爲之長一尺銀裹兩頭

鹾簋 揭

鹾簋以瓷爲之圓徑四寸若合形或瓶或罍貯鹽花也其揭竹制長四寸一分闊九分揭策也

熟盂

熟盂以貯熟水或瓷或沙受二升

盌

盌越州上鼎州次婺州次岳州次壽州洪州次或者以邢州處越州上殊爲不然若邢瓷類銀

越瓷類玉邢不如越一也若邢瓷類雪則越瓷類氷邢不如越二也邢瓷白而茶色丹越瓷青而茶色綠邢不如越三也晉杜毓荈賦所謂器擇陶揀出自東甌甌越也甌越州上口脣不卷底卷而淺受半升已下越州瓷岳瓷皆青青則益茶茶作白紅之色邢州瓷白茶色紅壽州瓷黄茶色紫洪州瓷褐茶色黑悉不宜茶

畚

畚以白蒲捲而編之可貯盌十枚或用筥其紙帊以剡紙夾縫令方亦十之也

札

札緝栟櫚皮以茱萸木夾而縛之或截竹束而

管之若巨筆形

滌方

滌方以貯滌洗之餘用楸木合之制如水方受八升

滓方

滓方以集諸滓製如滌方處五升

巾

巾以絁布為之長二尺作二枚互用之以潔諸器

具列

具列或作床或作架或純木純竹而製之或木法竹黃黑可扃而漆者長三尺闊二尺高六寸

其到者悉斂諸器物悉以陳列也

都籃

都籃以悉設諸器而名之以竹篾內作三角方眼外以雙篾闊者經之以單篾纖者縛之遞壓雙經作方眼使玲瓏高一尺五寸底闊一尺高二寸長二尺四寸闊二尺

茶經卷中

茶經卷下

竟陵陸　羽撰

五之煑　六之飲　七之事

八之出　九之略　十之圖

五之煑

凡炙茶愼勿於風燼間炙熛焰如鑽使炎涼不均持以逼火屢其飜正候炮普教反出培塿狀蝦蟇背然後去火五寸卷而舒則本其始又炙之若火乾者以氣熟止日乾者以柔止其始若茶之至嫩者蒸罷熱搗葉爛而牙笋存焉假以力者持千鈞杵亦不之爛如漆科珠壯士接之不能駐其指及就則似無穰骨也炙之則其節若倪倪如嬰兒之臂耳既而承熱用紙

囊貯之精華之氣無所散越候寒末之（末之上者其屑如細米末之下者其屑如菱角）其火用炭次用勁薪（謂桑槐桐櫪之類也）其炭曾經燔炙爲膻膩所及及膏木敗器不用之（膏木爲栢桂檜也敗器謂朽廢器也）古人有勞薪之味信哉其水用山水上江水中井水下（荈賦所謂水則岷方之注揖彼清流）其山水揀乳泉石池慢流者上其瀑湧湍漱勿食之久食令人有頸疾又多別流於山谷者澄浸不洩自火天至霜郊以前或潛龍蓄毒於其間飲者可決之以流其惡使新泉涓涓然酌之其江水取去人遠者井取汲多者其沸如魚目微有聲爲一沸緣邊如湧泉連珠爲二沸騰波鼓浪爲三沸已上水老不可食也初沸則水合量調之以鹽味謂弃其啜餘（啜嘗也市税反又市悅反）無迺䤏䪥而鍾其一

味乎上古暫反下吐濫反無味也第二沸出水一瓢以竹筴環激
湯心則量末當中心而下有頃勢若奔濤濺沫以所
出水止之而育其華也凡酌置諸盌令沫餑均字書并本
草餑均茗沫也蒲笏反沫餑湯之華也華之薄者曰沫厚者曰
餑細輕者曰花如棗花漂漂然於環池之上又如迴
潭曲渚青萍之始生又如晴天爽朗有浮雲鱗然其
沫者若綠錢浮於水渭又如菊英墮於鐏俎之中餑
者以滓煑之及沸則重華累沫皤皤然若積雪耳荈
賦所謂煥如積雪燁若春藪有之第一煑水沸而弃
其沫之上有水膜如黑雲母飲之則其味不正其第
一者爲雋永徐縣全縣二反至美者曰雋永雋味也永長也史長曰雋永漢書蒯通著雋永
二十篇也或留熟以貯之以備育華救沸之用諸第一與

第二第三盌次之第四第五盌外非渴甚莫之飲凡煑水一升酌分五盌（盌數少至三多至五若人多至十加兩爐）乘熱連飲之以重濁凝其下精英浮其上如冷則精英隨氣而竭飲啜不消亦然矣茶性儉不宜廣則其味黯澹且如一滿盌啜半而味寡況其廣乎其色緗也其馨𩡷也（香至美曰𩡷𩡷音使）其味甘檟也不甘而苦荈也啜苦咽甘茶也（一本云其味苦而不甘檟也甘而不苦荈也）

六之飲

翼而飛毛而走去而言此三者俱生於天地間飲啄以活飲之時義遠矣哉至若救渴飲之以漿蠲憂忿飲之以酒蕩昏寐飲之以茶茶之爲飲發乎神農氏聞於魯周公齊有晏嬰漢有揚雄司馬相如吳有韋

曜晉有劉琨張載遠祖納謝安左思之徒皆飲焉滂時浸俗盛於國朝兩都并荊俞間以爲比屋之飲飲有觕茶散茶末茶餅茶者乃斫乃熬乃煬乃舂貯於瓶缶之中以湯沃焉謂之痷茶或用葱薑棗橘皮茱萸薄荷之等煑之百沸或揚令滑或煑去沫斯溝渠間弃水耳而習俗不已於戲天育萬物皆有至妙人之所工但獵淺易所庇者屋屋精極所著者衣衣精極所飽者飲食食與酒皆精極之茶有九難一曰造二曰別三曰器四曰火五曰水六曰炙七曰末八曰煑九曰飲陰採夜焙非造也嚼味嗅香非別也羶鼎腥甌非器也膏薪庖炭非火也飛湍壅潦非水也外熟內生非炙也碧粉縹塵非末也操艱攪遽非煑也

夏興冬廢非飲也夫珎鮮馥烈者其盌數三次之者
盌數五若坐客數至五行三盌至七行五盌若六人
已下不約盌數但闕一人而已其雋永補所闕人

七之事

王皇炎帝神農氏周魯周公旦齊相晏嬰漢仙人丹
丘子黃山君司馬文園令相如揚執戟雄吳歸命侯
韋太傅弘嗣晉惠帝劉司空琨琨兄子兗州刺史演
張黃門孟陽傅司隸咸江洗馬充孫參軍楚左記室
太沖陸吳興納納兄子會稽內史俶謝冠軍安石郭
弘農璞桓揚州温杜舍人毓武康小山寺釋法瑤沛
國夏侯愷餘姚虞洪北地傅巽丹陽弘君舉安任育
宣城秦精燉煌單道開剡縣陳務妻廣陵老姥河內

山謙之後魏瑯琊王肅宋新安王子鸞鸞弟豫章王
子尚鮑昭妹令暉八公山沙門譚濟齊世祖武帝梁
劉廷尉陶先生弘景皇朝徐英公勣

神農食經茶茗久服令人有力悅志

周公爾雅檟苦荼廣雅云荆巴間採葉作餅葉老者
餅成以米膏出之欲煮茗飲先炙令赤色搗末置瓷
器中以湯澆覆之用葱薑橘子芼之其飲醒酒令人
不眠

晏子春秋嬰相齊景公時食脫粟之飯炙三弋五卵
茗菜而已

司馬相如凡將篇烏喙桔梗芫華款冬貝母木蘗蔞
芩草芍藥桂漏蘆蜚廉雚菌荈詫白斂白芷菖蒲芒

消莞椒茱萸

方言蜀西南人謂茶曰蔎

吳志韋曜傳孫皓每饗宴坐席無不率以七勝爲限雖不盡入口皆澆灌取盡曜飲酒不過二升皓初禮異密賜茶荈以代酒

晉中興書陸納爲吳興太守時衛將軍謝安常欲詣納（晉書云納爲吏部尚書）納兄子俶怪納無所備不敢問之乃私蓄十數人饌安既至所設唯茶果而已俶遂陳盛饌珍羞必具及安去納杖俶四十云汝既不能光益叔父柰何穢吾素業

晉書桓温爲揚州牧性儉每讌飲唯下七奠柈茶果而已

搜神記夏侯愷因疾死宗人字苟奴察見鬼神見愷來收馬并病其妻著平上幘單衣入坐生時西壁大床就人覓茶飲

劉琨與兄子南兗州刺史演書云前得安州乾薑一斤桂一斤黄芩一斤皆所須也吾體中潰悶常仰眞茶汝可置之

傅咸司隸教曰聞南方有以困蜀嫗作茶粥賣爲簾事打破其器具　又賣餅於市而禁茶粥以蜀姥何哉

神異記餘姚人虞洪入山採茗遇一道士牽三青牛引洪至瀑布山曰予丹丘子也聞子善具飲常思見惠山中有大茗可以相給祈子他日有甌犧之餘乞

相遺也因立奠祀後常令家人入山獲大茗焉
左思嬌女詩吾家有嬌女皎皎頗白晳小字爲紈素
口齒自清歷有姊字惠芳眉目粲如畫馳騖翔園林
果下皆生摘貪華風雨中倏忽數百適心爲茶荈劇
吹噓對鼎䥶
張孟陽登成都樓詩云借問楊子舍想見長卿盧程
卓累千金驕侈擬五侯門有連騎客翠帶腰吳鈎鼎
食隨時進百和妙且殊披林採秋橘臨江釣春魚黑
子過龍醢果饌踰蟹蝑芳茶冠六情溢味播九區人
生苟安樂茲土聊可娛
傅巽七誨蒲桃宛柰齊柿燕栗峘陽黃梨巫山朱橘
南中茶子西極石蜜

弘君舉食檄寒温既畢應下霜華之茗三爵而終應下諸蔗木瓜元李楊梅五味橄欖懸豹葵羹各一杯

孫楚歌茱萸出芳樹顛鯉魚出洛水泉白鹽出河東美豉出魯淵薑桂茶荈出巴蜀椒橘木蘭出高山蓼蘇出溝渠精稗出中田

華佗食論苦茶久食益意思

壺居士食忌苦茶久食羽化與韭同食令人體重

郭璞爾雅注云樹小似梔子冬生葉可煑羹飲今呼早取爲茶晚取爲茗或一曰荈蜀人名之苦茶

世說任瞻字育長少時有令名自過江失志既下飲問人云此爲茶爲茗覺人有恠色乃自分明云向問飲爲熱爲冷

續搜神記晉武帝宣城人秦精常入武昌山採茗遇一毛人長丈餘引精至山下示以藂茗而去俄而復還乃探懷中橘以遺精精怖負茗而歸

晉四王起事惠帝蒙塵還洛陽黄門以瓦盂盛茶上至尊

異苑剡縣陳務妻少與二子寡居好飲茶茗以宅中有古塚每飲輒先祀之二子患之曰古塚何知徒以勞意欲掘去之母苦禁而止其夜夢一人云吾止此塚三百餘年卿二子恒欲見毁賴相保護又享吾佳茗雖潛壤朽骨豈忘翳桑之報及曉於庭中獲錢十萬似久埋者但貫新耳母告二子慙之從是禱饋愈甚

廣陵耆老傳晉元帝時有老姥每旦獨提一器茗往
市鬻之市人競買自旦至夕其器不減所得錢散路
傍孤貧乞人人或異之州法曹縶之獄中至夜老姥
執所鬻茗器從獄牖中飛出
藝術傳燉煌人單道開不畏寒暑常服小石子所服
藥有松桂蜜之氣所餘茶蘇而已釋道該說續名僧
傳宋釋法瑤姓楊氏河東人永嘉中過江遇沈臺眞
請眞君武康小山寺年垂懸車飯所飲茶永明中勑
吳興禮致上京年七十九
宋江氏家傳江統字應遷愍懷太子洗馬常上疏諫
云今西園賣醯麪藍子菜茶之屬虧敗國體
宋錄新安王子鸞豫章王子尚詣曇濟道人於八公

山道人設茶茗子尚味之曰此甘露也何言茶茗
王微雜詩寂寂掩高閣寥寥空廣廈待君竟不歸收
領今就檟
鮑昭妹令暉著香茗賦
南齊世祖武皇帝遺詔我靈座上愼勿以牲爲祭但
設餅果茶飲乾飯酒脯而已
梁劉孝綽謝晉安王餉米等啓傳詔李孟孫宣敎旨
垂賜米酒瓜笋葅脯酢茗八種氣苾新城味芳雲松
江潭抽節邁昌荇之珎壃埸擢翹越葺精之美羞非
純束野麏裛似雪之驢鮓異陶瓶河鯉操如瓊之粲
茗同食粲酢顔望楫免千里宿舂省三月種聚小人
懷惠大懿難忘陶弘景雜錄苦茶輕換膏昔丹丘子

責山君服之
後魏録瑯琊王肅仕南朝好茗飲蓴羹及還北地又好羊肉酪漿人或問之茗何如酪肅曰茗不堪與酪爲奴
桐君録西陽武昌廬江昔陵好茗皆東人作清茗茗有餑飲之宜人凡可飲之物皆多取其葉天門冬拔揳取根皆益人又巴東別有眞茗茶煎飲令人不眠俗中多煑檀葉并大皁李作茶並冷又南方有瓜蘆木亦似茗至苦澁取爲屑茶飲亦可通夜不眠煑鹽人但資此飲而交廣最重客來先設乃加以香芼輩
坤元録辰州漵浦縣西北三百五十里無射山云蠻俗當吉慶之時親族集會歌舞於山上山多茶樹

栝地圖臨遂縣東一百四十里有茶溪

山謙之吳興記烏程縣西二十里有温山出御荈夷陵圖經黄牛荆門女觀望州等山茶茗出焉

永嘉圖經永嘉縣東三百里有白茶山

淮陰圖經山陽縣南二十里有茶坡

茶陵圖經云茶陵者所謂陵谷生茶茗焉本草木部茗苦茶味甘苦微寒無毒主瘻瘡利小便去痰渴熱令人少睡秋採之苦主下氣消食注云春採之

本草菜部苦茶一名荼一名選一名游冬生益州川谷山陵道傍凌冬不死三月三日採乾注云疑此即是今茶一名荼令人不眠本草注按詩云誰謂荼苦又云堇荼如飴皆苦菜也陶謂之苦茶木類非菜流

茗春採謂之苦搽（途遐反）

枕中方：療積年瘻，苦茶、蜈蚣並炙令香熟，等分搗篩，煮甘草湯洗，以末傅之。

孺子方：療小兒無故驚蹶，以苦茶、葱鬚煮服之。

八之出

山南以峽州上，（峽州生遠安、宜都、夷陵三縣山谷。）襄州、荊州次，（襄州生南鄭縣山谷，荊州生江陵縣山谷。）衡州下，（生衡山、茶陵二縣山谷。）金州、梁州又下。（金州生西城、安康二縣山谷，梁州生襄城、金牛二縣山谷。）

淮南以光州上，（生光山縣黃頭港者，與峽州同。）義陽郡、舒州次，（生義陽縣鍾山者與襄州同，舒州生太湖縣潛山者與荊州同。）壽州下，（盛唐縣生霍山者與衡山同也。）蘄州、黃州又下。（蘄州生黃梅縣山谷，黃州生麻城縣山谷，並與荊州、梁州同也。）

浙西以湖州上，（湖州生長城縣顧渚山谷，與峽州、光州同；生山桑、儒師二[illegible]、白茅山懸腳嶺，與襄州、荊南

義陽郡同生鳳亭山伏翼閣飛雲曲水二寺啄木嶺與壽州常州同生安吉武康二縣山谷與金州梁州
同常州次常州義興縣生君山懸脚嶺北峯下與荊州義陽郡同生圈嶺善權寺石亭山與舒
州同宣州杭州睦州歙州下宣州生宣城縣雅山與蘄州同太平縣生上睦臨睦
與黃州同杭州臨安於潛二縣生天目山與舒州同錢塘生天竺靈隱二寺睦州生桐廬縣山谷歙州
生婺源山谷與衡州同潤州蘇州又下潤州江寧縣生傲山蘇州長洲縣生洞庭山與金
蘄州梁州同劍南以彭州上生九隴縣馬鞍山至德寺棚口與襄州同綿州蜀
州次綿州龍安縣生松嶺關與荊州同其西昌昌明神泉縣西山者並佳有過松嶺者不堪採蜀州
責城縣生丈人山與綿州同青城縣有散茶木茶邛州次雅州瀘州下雅州百丈
山名山瀘州瀘川者與金州同也眉州漢州又下眉州丹校縣生鐵山者漢州綿竹縣
生竹山者與潤州同浙東以越州上餘姚縣生瀑布泉嶺曰仙茗大者殊異小者與襄州
同明州婺州次明州貨縣生榆筴村婺州東陽縣東白山與荊州同台州下始山
豐縣生赤城者與象州同黔中生恩州播州費州夷州江南生鄂

州袁州吉州嶺南生福州建州韶州象州（福州生閩方山之陰）

縣也其恩播費夷鄂袁吉福建泉韶象十一州未詳往往得之其味極佳

九之略

其造具若方春禁火之時於野寺山園叢手而掇乃蒸乃舂乃[redacted]以火乾之則又棨樸焙貫相穿育等七事皆廢其煑器若松間石上可坐則具列廢用槁薪鼎攊之屬則風爐灰承炭檛火筴交床等廢若瞰泉臨澗則水方滌方漉水囊廢若五人已下茶可末而精者則羅廢若援藟躋嵓引絙入洞於山口炙而末之或紙包合貯則碾拂末等廢既瓢盌筴札熟盂醝簋悉以一筥盛之則都籃廢但城邑之中王公之門

二十四器闕一則茶廢矣

十之圖

以絹素或四幅或六幅分布寫之陳諸座隅則茶之源之具之造之器之煑之飲之事之出之略目擊而存於是茶經之始終備焉

茶經卷下

圖書在版編目（CIP）數據

茶經 / 王承略，梁宗華，李梅訓主編 . -- 北京：高等教育出版社，2025. 3. -- ISBN 978-7-04-063641-3

Ⅰ . TS971. 21

中國國家版本館 CIP 數據核字第 2025KH6996 號

茶經
CHA JING

策劃編輯　包小冰　　責任編輯　包小冰　　封面設計　王　鵬　　版式設計　李彩麗
責任印制　張益豪

出版發行	高等教育出版社	網　　址	http://www.hep.edu.cn
社　　址	北京市西城區德外大街 4 號		http://www.hep.com.cn
郵政編碼	100120	網上訂購	http://www.hepmall.com.cn
印　　刷	北京中科印刷有限公司		http://www.hepmall.com
開　　本	880mm × 1240mm　1/16		http://www.hepmall.cn
印　　張	3		
字　　數	50 千字	版　　次	2025 年 3 月第 1 版
購書熱綫	010-58581118	印　　次	2025 年 6 月第 2 次印刷
咨詢電話	400-810-0598	定　　價	25.00 元

本書如有缺頁、倒頁、脱頁等質量問題，請到所購圖書銷售部門聯系調换

物 料 號　63641-A0